JN007482

調べよう！
わたしたちのまちの施設

浄水場・下水処理場

東京都杉並区天沼小学校教諭　新宅直人　指導

小峰書店

もくじ

浄水場・下水処理場

3 下水処理場って何だろう？

4 下水処理場に行ってみよう

本のさいごに、見学のためのワークシートがあるよ！

やあ、ぼくはボトルくん。
みんなは、浄水場って
聞いたことあるかな？
毎日のくらしにかかせない、
とても大切な施設
なんだよ。

水を取り入れて浄水場へ

川に立っている２つの塔は、取水塔とよばれる、
浄水場へ水を取り入れるための施設です。
浄水場は、何をするところでしょうか。
はたらく人は、どのような仕事をしているのでしょうか。

ここは、東京の葛飾区を流れる江戸川です。２つの取水塔から取り入れられた水は、すぐそばの金町浄水場へ運ばれます。

1 浄水場って何だろう？

浄水場のやくわり

浄水場では、みんなが水を飲んだり使ったりできるように、さまざまな仕事をしています。

水道には、川の水や湖の水、それに地面の下からくみ上げた地下水が使われているよ。日本でいちばん多く使われているのは、川の水なんだ。

川や湖の水をきれいにして、安心して飲める水にする

川の水を浄水場できれいにすることで、体に害をあたえるよごれを取りのぞき、安心して飲むことができる水になる。

安全な水をつくって市民の健康を守る

きれいで安全な水になっているか、浄水場では毎日、検査をする。においや味も、かならずたしかめる。

いつでもじゅうぶんな水をとどける

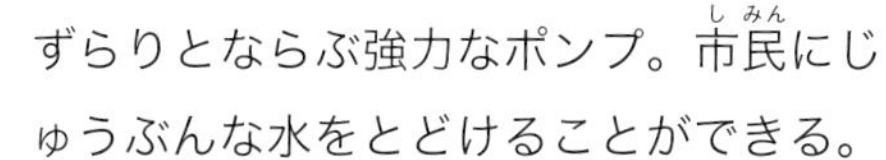

ずらりとならぶ強力なポンプ。市民にじゅうぶんな水をとどけることができる。

災害で電気が止まっても、浄水場は止められない。電気をつくることができる、非常用自家発電機をそなえているところもある。

1 浄水場って何だろう？

浄水場はどこかな？

みんなの住むまちに水をとどける浄水場は、どこにあるでしょうか。
ここでは、関東地方の東京都葛飾区にある金町浄水場を見てみましょう。

地図帳で見てみよう

まずは、自分の住む都道府県が、日本のどのあたりにあるか、そして、近くに大きな川や湖がないか、調べてみましょう。

東京都葛飾区の場合

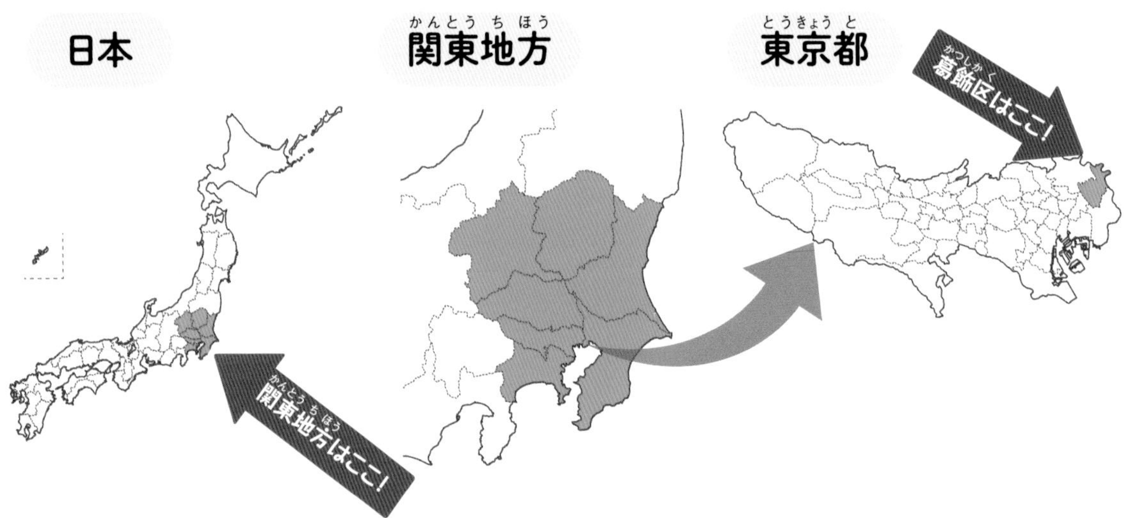

浄水場はどんなところにあるかな？

右の地図は、東京都に水をとどける浄水場の場所をしめしています。浄水場は、水を取り入れるために川や湖の近くにあることが多いです。

みんなの住むまちに水をとどける浄水場は、どのような場所につくられているか、調べてみましょう。

金町浄水場がある場所のとくちょう

★川が近くにある。

★とても広い場所にある。

ここにのっているのは、東京都がつくっている浄水場だけ。ほかに、市がつくっている浄水場もあるよ。

東京都水道局が管理している浄水場の地図

1 浄水場って何だろう？

大都市の水道と浄水場の歩み

水道や浄水場は、いつごろつくられたのでしょうか。
東京の浄水場を例に、見てみましょう。

130年前 日本に浄水場ができる

今から370年くらい前、東京が江戸とよばれていたころ、玉川上水がつくられて、多摩川の水を江戸の人びとが飲み水として使えるようになりました。130年前には神奈川県に日本ではじめての浄水場ができ、それから間もなくして東京にも淀橋浄水場がつくられました。

東京ではじめてできた淀橋浄水場。建物のむこうに、浄水場の池が見える。

100年前 江戸川に浄水場ができる

今から100年くらい前、東京の東部では人口や工場がふえて、大量の水が必要になりました。使っていた井戸水が足りなくなったため、1926年、東京の東部を流れる江戸川の水を取り入れて、金町浄水場がつくられました。

100年くらい前にできた金町浄水場。今は、東京都で2番目に大きな浄水場となっている。

年	東京の水道にかかわるできごと
1654	○玉川上水ができる
1868	○江戸が東京に変わる
1886	○東京などでコレラというおそろしい病気が流行。飲み水や食べ物が原因とされた
1898	○東京に淀橋浄水場ができる
1923	○関東地方に大きな地震(関東大震災)がおこり、水道の施設がこわれる
1924	○境浄水場ができる
1926	●金町浄水場ができる
1945	○大きな戦争(第二次世界大戦)が終わる ○戦争がはげしくなり、東京に爆弾が落ちて水道施設がこわれる

1898年
一日でつくることができる水の量
17万m³

東京で一日につくることができる水の量のうつりかわり

60〜35年前 たくさんの水が必要になる

今から60年くらい前になると、東京に住む人の数がいっそうふえて、水不足が大きな問題になりました。そのため、東京都や埼玉県、神奈川県に、東京都に水を送るための浄水場がつぎつぎにつくられました。

1964年に東京でオリンピックが開かれた。ちょうどそのころ、東京の多摩川の水がへり、水不足でたいへんだった。人びとは、ならんで水を手に入れた。

今 世界にほこる「おいしさ」の技術

東京の浄水場では、「高度浄水処理」を30年くらい前からはじめました。よごれやばいきんだけでなく、水のいやなにおいや色のもとまで取りのぞく技術です。高度浄水処理できれいになった水は安全でおいしく、世界でも注目されています。

高度浄水処理の施設の中で、オゾンというものを入れているようす。(高度浄水処理については14ページ→)

2011年
一日でつくることができる水の量
686万m³

- 1959 ○長沢浄水場ができる
- 1960 ○東村山浄水場ができる
- 1964 ○多摩川の水が足りなくなり、東京が水不足になる
- 1966 ○朝霞浄水場ができる
- 1970 ○小作浄水場ができる
- 1975 ○三園浄水場ができる
- 1985 ○三郷浄水場ができる
- 1992 ●金町浄水場で高度浄水処理をはじめる

みんなのまちに水を送っている浄水場は、いつごろできたのかな？調べてみよう。

2 浄水場に行ってみよう

浄水場を調べよう！

浄水場では、どのようにして水をきれいにしているのでしょうか。
金町浄水場で調べてみましょう。

川から水を取り入れる取水塔

●浄水場のしくみ

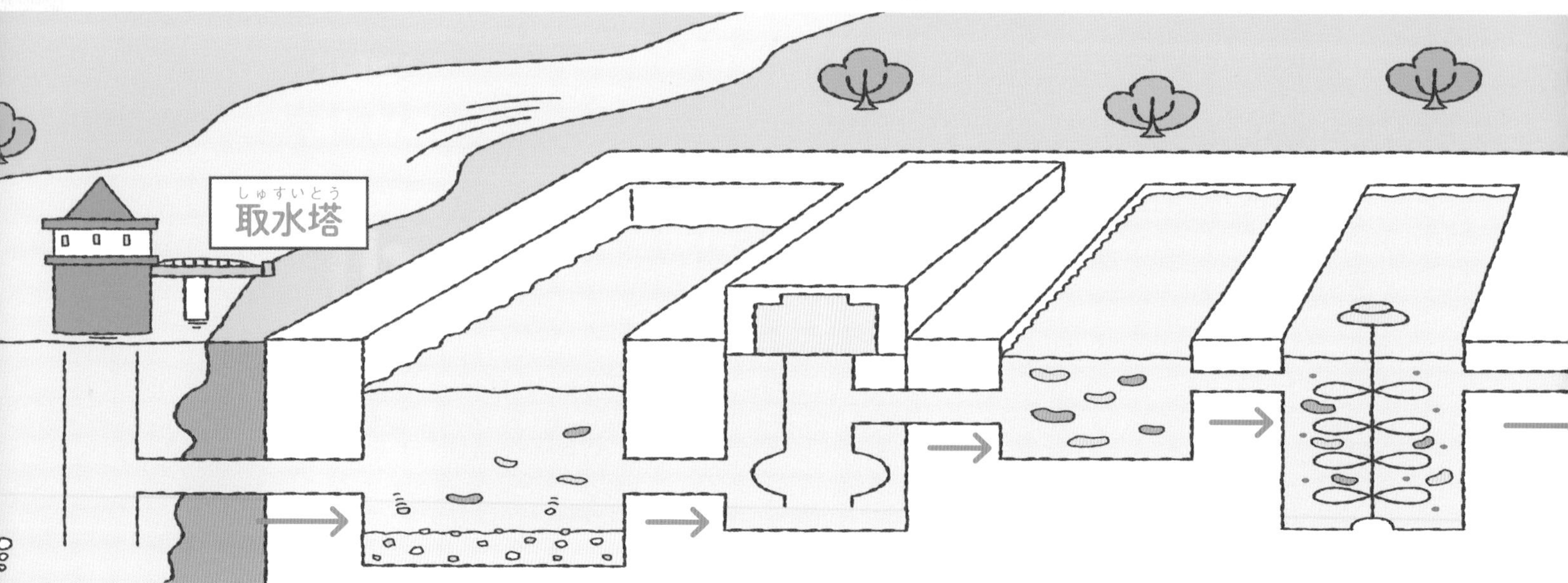

1 沈砂池
重いごみや砂をしずめる。

ポンプで水をくみあげる。

着水井
つぎの混和池に送るために、ちょうどよい水の量にする。

混和池
薬を入れて、小さな砂や土をかたまりにする。

① 沈砂池

取水塔から浄水場に取り入れられた水は、まず沈砂池に送られます。沈砂池を通る間に、水にまじっている大きな砂などは底にしずみ、取りのぞかれるのです。

川からきたばかりの水。まだ、にごっている。

沈砂池では
ゆっくり水を流す
ことで、砂がしっかり
取りのぞけるんだ。

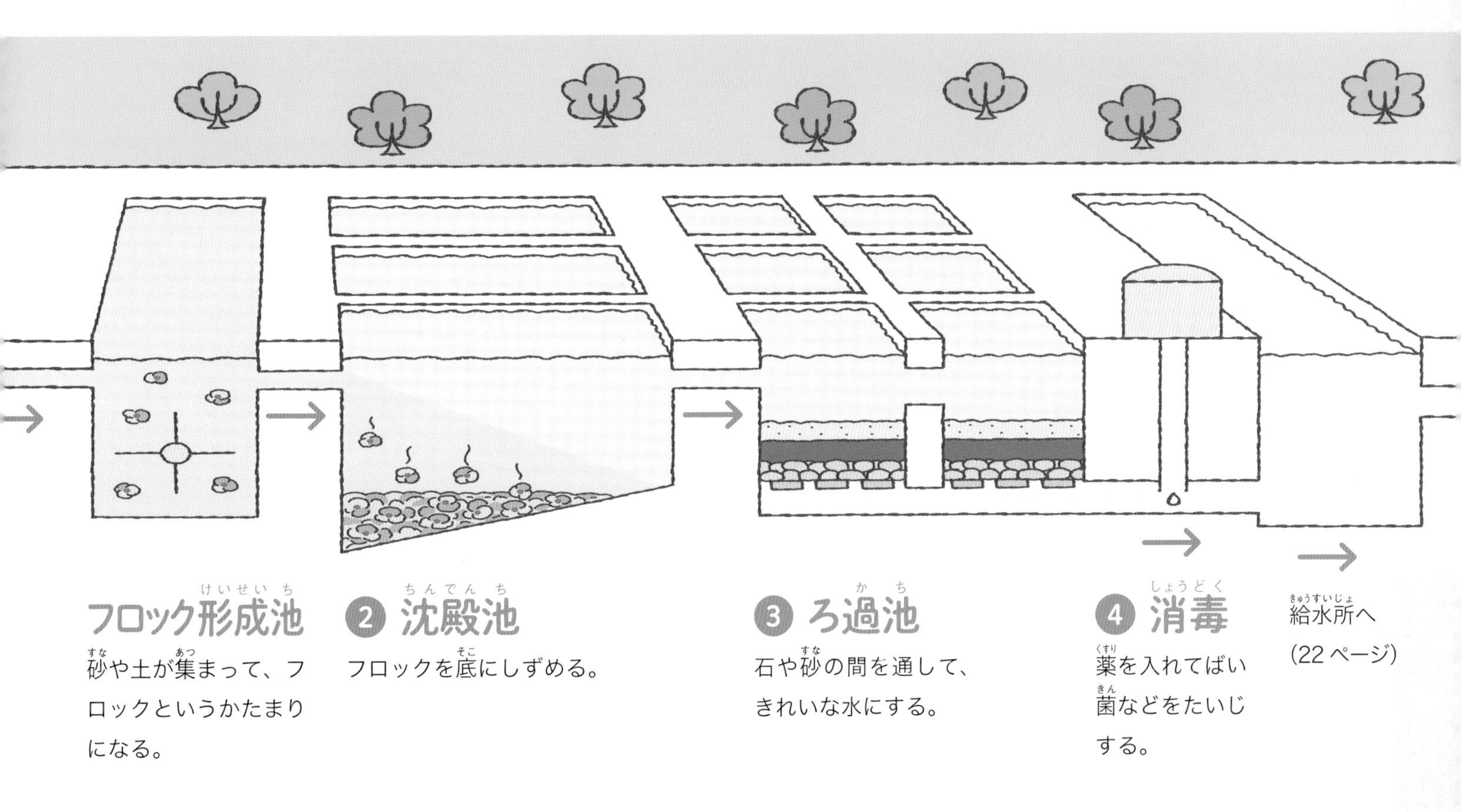

② 沈殿池

水が沈殿池を通る間に、フロックとよばれる砂や土のかたまりが底にしずみます。浄水場に送られたときには茶色だった水が、沈殿池からつぎのろ過池に送られるころには、とう明の水になります。

沈殿池のようす。ものがしずむことを「沈殿」という。

知ってる？ 高度浄水処理って何だろう？

水には、にごりのもとや、いやなにおいを出して水の味を悪くするものなどがまじっています。高度浄水処理をおこなうと、これらを取りのぞくことができます。高度浄水処理施設がある浄水場では、オゾンという気体や、活性炭（炭）の中にいる微生物の力で、おいしい水をつくっています。

オゾンを使って、水にのこった色やにおいのもとをバラバラにする。高度浄水処理施設は、沈殿池とろ過池の間にある。

高度浄水処理で使う活性炭。オゾンでバラバラになったにごりやにおいのもとを、活性炭の中にいる微生物に食べてもらう。

③ ろ過池

沈殿池でとう明になった水を、砂や砂利の中に通します。こうすることで、さらに小さなよごれを取りのぞきます。

「ろ過」っていうのは、
「こし取る」っていう
意味だよ。小さなよごれを、
こし取るんだね。

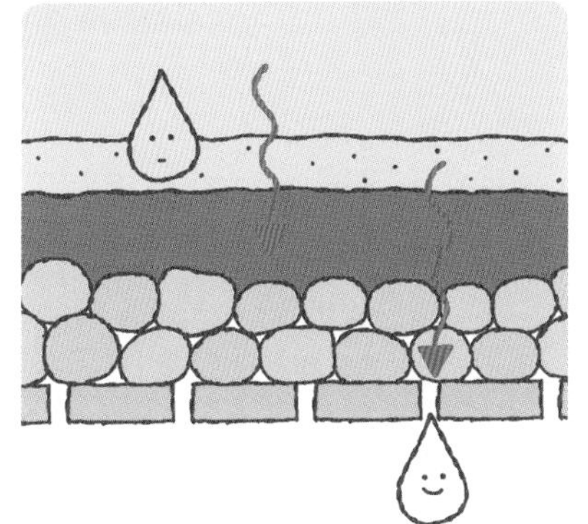

ろ過池のようす。この中で、水のよごれがこし取られる。ろ過池のふたは太陽光発電のパネルになっていて、これでつくられた電気が浄水場の中で使われている。

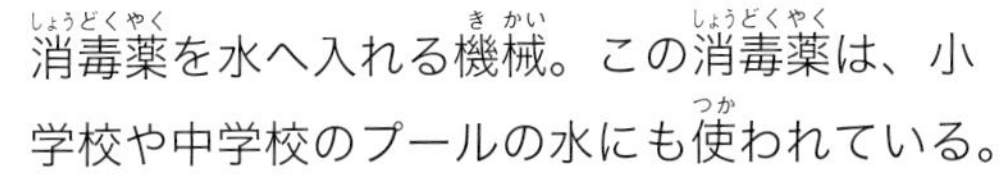

消毒薬を水へ入れる機械。この消毒薬は、小学校や中学校のプールの水にも使われている。

④ 消毒

ろ過池を通ってきれいになった水に、消毒薬を入れます。これによって、水の中にいるばいきんなどが死に、消毒されます。

これで、
水道水の
できあがり！

はたらく人に教えてもらったよ

運転管理室ではたらく人

運転管理室では、浄水場のそれぞれの施設の機械を運転して、水をつくります。運転管理室ではたらく人に、仕事について聞きました。

浄水場の
いろいろな人たちと
協力しながら、
おいしい水をつくるのが
役目なんだ。

1日じゅう水をつくる

じゃ口をひねれば、夜でも水が出てきますね。水道の水は、夜も止まることなく、1日じゅうみんなの家にとどけられます。運転管理室ではたらくわたしたちは、きちんと水をつくりつづけられるように、夜も休みの日も当番を決めて、毎日24時間、浄水場のようすをたしかめています。

浄水場全体を見はりながら運転する

浄水場のどこかがこわれると、安全でおいしい水をつくれなくなってしまいます。運転管理室では、コンピューターで浄水場全体のようすがわかるようになっています。わたしたちはそれらを見ながら、それぞれの施設の機械の運転を管理します。故障などがないか、いつも注意して見はります。

パネルとコンピューターがならぶ運転管理室。浄水場の中のすべての施設の運転を、この部屋でおこなう。（写真は千葉県にある浄水場の中央管理室）

いろいろな機械を点検する

浄水場で運転している機械の点検も、わたしたちの仕事です。水の温度や薬の量をはかる機械など、浄水場の中のいろいろな機械がこわれていないか、毎日見回りをしています。こわれているときは、修理を担当する人に直してもらいます。

これは、高度浄水処理で使われているオゾン発生装置という機械です。こわれていないか、きちんと点検します。

パネルの数字などひとつひとつを見て、機械が問題なく動いているかをたしかめます。責任の大きな仕事で、はたらいている間はずっと気がぬけません。

？天気によって、浄水場の仕事が変わることはあるの？

浄水場では、川の水を取りこんで水をつくっています。台風や大雨のときには、川の水はどろをふくんで茶色くにごります。この水をきれいなとう明の水にするには、水質の検査や薬の量の調整などに、ふだんよりもたいへんな手間がかかります。

2019年、台風19号がやってきたつぎの日の江戸川。茶色くにごっている。

？いつも水を使えるようにするために、どんなことをしているの？

地震などで水道管がこわれると、水道の水をとどけられません。水が出ないと、みんなとてもこまります。そこで東京都では、災害のときに水を出すための給水栓（じゃ口）をあちこちにつくっています。また、浄水場がこわれても水をとどけられるように、とくべつな管を使ってべつの浄水場から水をまわしてもらうしくみも、つくっています。

東京都の災害時応急給水栓（じゃ口）。水道の水が出なくなったら、ここへ水を取りに行く。

施設の管理をする人

浄水場にある池や建物などの施設を管理をしている人に、仕事について話を聞きました。

毎日かかせない点検

浄水場には、たくさんの建物や池、パイプ（管）などがあります。それらにひびが入ったり、水がもれたりしていないか、毎日点検します。浄水場の運転は止められないので、施設に問題がおきないよう、小さなひびも見のがしません。

太さが2mをこえる太いパイプもあるので、高い場所にのぼって点検することもあります。暗い場所はライトでてらしながら、注意深く点検します。

工事の進みぐあいをたしかめる

浄水場にはたくさんの施設があり、なかには昔から使っているものもあります。そのため、浄水場では、いつもどこかで古くなった施設の工事がおこなわれています。施設の工事の進みぐあいをたしかめるのも、わたしたちの大切な仕事です。

ここは、新しい自家発電機をつくる工事現場です。浄水場ではどこが故障しても、運転は止められません。すべての施設で、かわりになるものを用意します。

はたらく人に教えてもらったよ

機械の修理をする人

浄水場にある機械や道具の修理をしています。どのような仕事をしているのでしょうか。

時間をかけて機械を見回り、いつもとちがう点がないか調べるんだ。

ふだんから修理のうでをみがく

わたしたちは、浄水場で使われているいろいろな機械を見て回って、うまく動いていないものがあれば、修理したり、部品を交換したりしています。なかにはむずかしい作業もあるので、練習用の機械を使ってふだんから練習もしています。

パイプの部品交換など、いつも練習をして、うでをみがいています。

なるべく自分たちの手で修理する

ふくざつな機械がこわれたときは、つくった会社に直してもらうこともありますが、できるかぎり自分たちで修理するようにしています。手すりをつけるなど、浄水場ではたらく人が仕事をしやすいようにするのも、わたしたちの仕事です。

鉄をとかし、パイプをくっつけて直しているところです。とてもまぶしく、火花も出るので、目がきずつかないように、とくべつなマスクをつけます。

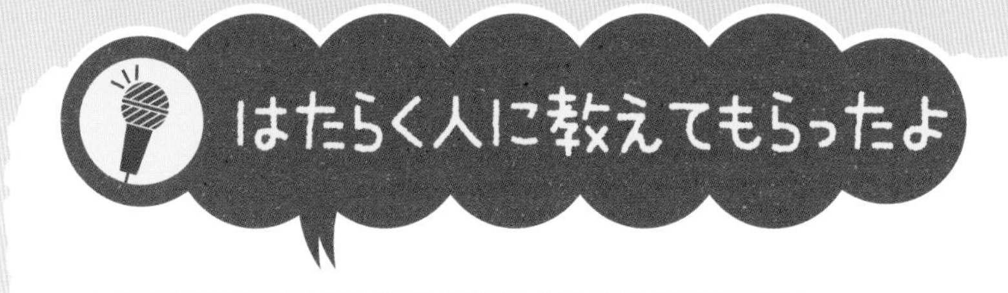

水質検査をする人

浄水場のそれぞれの施設で、処理がきちんとできているかを検査しています。水を検査する仕事について、はたらく人に話を聞きました。

水質検査の人は、理科にくわしいんだ。理科の実験みたいな道具を使って検査をするよ。

さまざまな施設の水を検査する

安全でおいしい水をつくるには、水質の検査がかかせません。水質検査の部屋では、浄水場のいろいろな施設から送られた水を、いつでも検査できるようになっています。わたしは、毎日それぞれの施設の水をとって、検査しています。

水のよごれを薬で調べる

いろいろな水質検査をして、それぞれの施設の水がどれくらいよごれているかを調べます。水のよごれが多いときは、運転管理室ではたらく人に、施設で入れる薬の量を変えてもらったり、処理をする水の量を調整してもらったりします。

ここは、浄水場のさまざまな施設の水を一か所に集めてある場所です。じゃ口をひねるだけで、水をくめます。

薬を入れてピンク色になった水を、あたためているところです。このあと、べつの薬をまぜます。色の変化のようすで、水のよごれを調べます。

機械を使って細かく調べる

とくべつな機械を使って、水質を調べます。この機械を使うと、水にどんなものがどれくらい入っているか、数字で細かく知ることができます。薬を使った検査ではわからないことまで、たしかめられます。

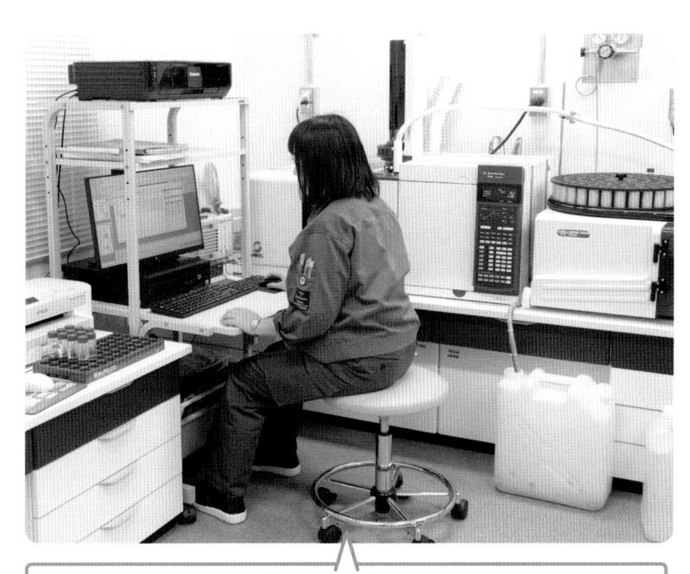

台風などで川の水の水質に変化があったときは、いつもとは大きくちがう結果が出ることがあります。いつもと同じようにきれいな水をつくるために、どうしたらよいか、みんなで相談します。

水の味やにおいをたしかめる

水は、見た目だけでなく、味やにおいも大切です。できた水は、わたしがじっさいに飲んで味わい、においをかぎます。人間の感覚を使って、おいしい水かどうかをたしかめるのです。水道水の安全にかかわる作業なので、とてもしんけんにおこないます。

自分の鼻で、変なにおいがしないかをたしかめます。においがしないことは、おいしい水の大きなポイントです。

飲んで味をたしかめます。この水が飲み水としてみなさんの手元にとどくので、ぜったいに手をぬけない作業です。

浄水場で魚をかっているのは何のため？

魚は、水の変化にとてもびん感です。水に危険なものが入ると、急に元気がなくなったり、あばれたりします。そのため浄水場では、きれいにした水や川の水で魚をかって、ようすを観察します。安全な水かどうかをたしかめるのです。

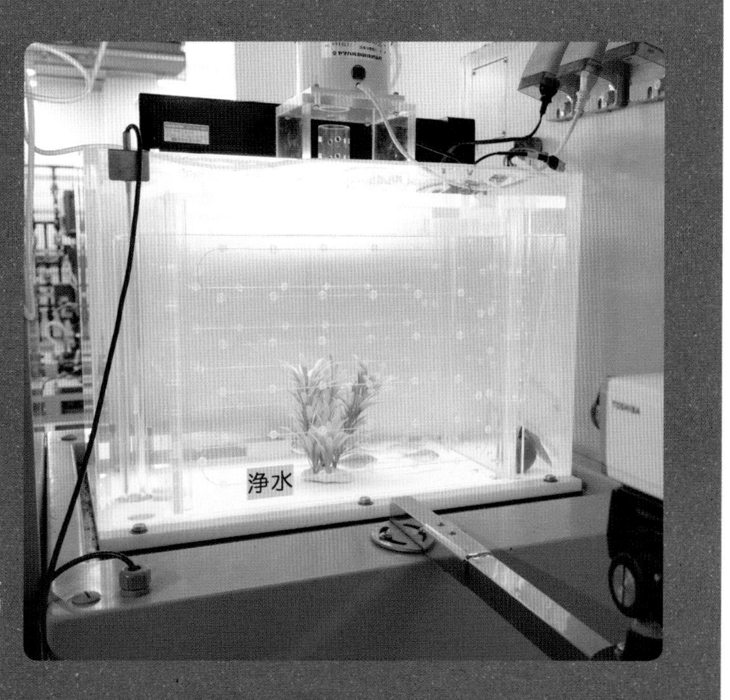

カメラで、魚のようすをいつもたしかめる。むれで泳ぐ魚は、元気なときは下にかたまっているが、なにかあるといつもとちがった動きをするので、水に問題が出たとわかる。

できた水をまちへ送る

浄水場でできたきれいな水は、みんなの家へと送られます。
どのようにして送られているのでしょうか。

ポンプで水をおし出す

浄水場できれいにされた水は、ポンプ室に送られます。そして、強いポンプの力で、浄水場の外の高い場所にある給水所へとおし上げられます。

給水所に水をためる

給水所には、大きな水をためられる配水池というタンクと、水を送るポンプがあります。給水所はまちの高い場所にあるので、ポンプの力だけでなく、水が下に落ちようとする力を使って、水道管（配水管）に水を送ります。

給水所にある配水池。中にはたくさんの水がたくわえられている。

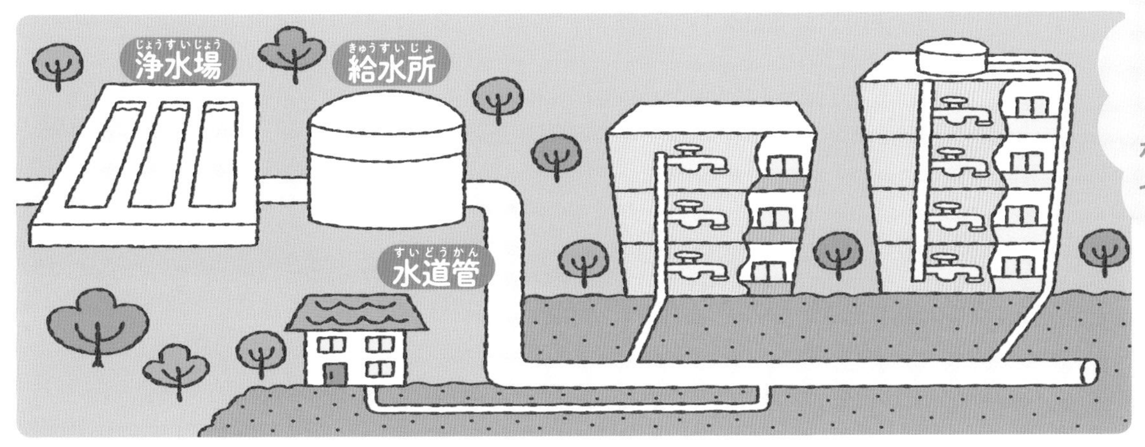

水道管は、給水所からみんなの家の水道のじゃ口までつながっているよ。

水道管を通って家や学校へ

水は、地下にあみの目のようにはりめぐらされている水道管を通って、みんなの家にとどけられます。

川が流れているところでは、橋の下に水道管を通している。

水道管があるおかげで、いつでもおいしい水を飲むことができる。

知ってる？ 多摩川水源森林隊の取り組み

「多摩川水源森林隊」としてはたらくボランティアの人たち。水源林を守るためには、いらない木を切ったり、木のなえを植えたりするなど、こまめな手入れがかかせない。

川がはじまる場所を「水源」といい、水源にある林を「水源林」といいます。雨は、水源林にしみこんでたくわえられ、やがて川になります。しかし、水源林があれると、水がたくわえられなくて川の水がへり、水道の水も足りなくなってしまいます。そこで、ボランティアの人たちが水源林の手入れをして、水道局の仕事を手伝っています。

ワンステップアップ！

ぐるぐるまわる水

水は、雲や雨、雪にすがたを変えながら、
地球上をぐるぐるとまわっています。

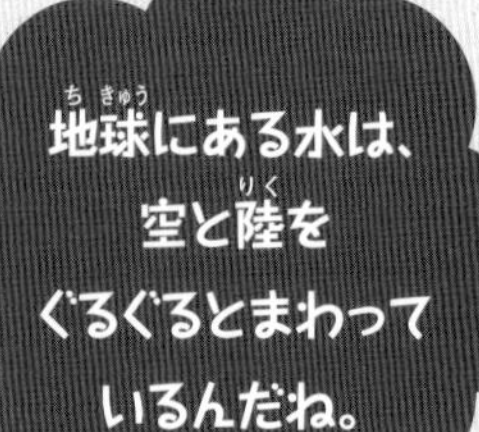

海へ

川に流された水は、やがて海に流れ出る。海の水は少しずつ水じょう気になって空気の中をただよい、やがて雲となる。雲は、雨や雪を地上にふらせる。

下水処理場（水再生センター）

下水道管で運ばれた水は、下水処理場できれいにされ、川などに流される。

下水道管

家や工場などで使われてよごれた水は、下水道管を通って下水処理場に運ばれる。

ダム

山にふった雨は、川を流れてダムにたくわえられる。ダムで、川に流れこむ水の量が調節される。山の森林は水をたくわえるはたらきをするので「緑のダム」、雪は「白いダム」ともいわれる。

川

山やダムから川に流れこんだ水は、海に向かって下へ流れる。

浄水場

川や湖の水や、地下水などをくみ上げ、きれいにしてまちに送りとどける。

まち

まちに送られた水は、家で生活のために使われたり、工場でものをつくるために使われたりする。

3 下水処理場って何だろう？

下水処理場のやくわり

下水処理場は、わたしたちが使ってよごれた水をきれいにします。大雨からまちを守るやくわりもあります。

ぼくたちが水道水を使ったあとのよごれた水と、まちにふった雨水をあわせて「下水」っていうよ。

よごれた水を集めて、きれいにする

東京で見ることができる下水道。台所、トイレ、せんたく、ふろなどに使われてよごれた水と雨水がいっしょになり、この下水道を通って、下水処理場に集まる。下水処理場では、これらの下水をきれいにして、川や海へ流す。

下水処理場できれいになった水が、川へ流れこんでいるところ。左の穴から、処理された水がそそぎこむ。

大雨からまちを守る

まちのなかが雨水であふれないように、雨水を下水道に取りこむ。大雨のとき、下水処理場では下水をはやく処理して、どんどん川に流し、大雨からまちを守る。下水処理場は、防災のやくわりももっている。

③ きれいにした水を再利用する

下水処理場できれいにした水を、いろいろな場所で利用する。公園の池の水に使ったり、水の量がへった川に流したり、ビルのトイレの水に使ったりする。

3 下水処理場って何だろう？

下水処理場の歩み

140年前につくられた東京の神田下水は、今でも使われているんだ。

まちに住む人が多くなると、台所、トイレ、せんたくなどで出るよごれた水がふえます。ここでは東京を例に、下水処理場の歩みを見てみましょう。

100年くらい前 下水処理場ができる

140年くらい前、東京では大雨により、家が水につかったり、まちによごれた水がたまったりしました。そのあと、おそろしい伝染病がはやりました。そこで、問題を解決するために、神田下水がつくられました。そのおよそ40年後、日本ではじめての下水処理場「三河島汚水処分場」ができました。今も三河島水再生センターとして、この地域の水をきれいにしています。

左の写真は、日本ではじめてつくられたレンガ式の下水道「神田下水」で、今も使われている。右の写真は、1922年につくられた日本ではじめての下水処理場「三河島汚水処分場」。

年	東京の下水道にかかわるできごと
1879	○東京でコレラが大流行する
1884	○東京のまちに、神田下水をつくりはじめる
1900	○「下水道法」がつくられる
1922	○三河島汚水処分場ができる
1930	○砂町汚水処分場ができる
1931	○芝浦汚水処分場ができる
1945	○大きな戦争（第二次世界大戦）が終わる
1961	○隅田川のよごれがひどくなり、花火大会が中止される

東京都の人口

1925年 448万人

50〜60年前 海や川がひどくよごれる

今から50年から60年くらい前、人がふえ、工場もふえてきました。しかし、下水処理場の数は足りず、下水をそのまま川に流していた場所も多かったのです。川や海は、とてもよごれ、魚もすめなくなっていきました。そこで、下水処理場をふやしていきました。

50年前の東京都内を流れる多摩川。下水が家や工場から、そのまま川に流れこんでいた。

今 ふたたび川の水がきれいになる

今では、下水処理場が日本中につくられています。下水処理をおこない、水をきれいにしてから川や海に流すことで、きたなかった川がきれいになってきました。川には、魚がふたたびくらせるようになり、昔のように水遊びができる川もふえています。

東京を流れる多摩川。昔はひどくよごれて「死の川」とよばれたが、下水処理のおかげで、アユが泳ぐ川に生まれ変わった。

2015年
1351万人

1962 ○東京都下水道局ができる

1964 ○落合処理場ができる

1978 ○下水道が広まって隅田川がきれいになり、花火大会がふたたび開かれる

1995 ○東京23区すべての場所で下水道を使うことができるようになる

2004 ○「下水処理場」から「水再生センター」に名前が変わる

今、東京都が管理する水再生センターは、全部で20あるんだ。

4 下水処理場に行ってみよう

下水処理場を調べよう！

みんなのまちのマンホールは、どんなもようかな？調べてみよう。

下水処理場では、どうやって水をきれいにしているのでしょうか。ここでは、東京都の落合水再生センターを見てみましょう。

下水道の上にあるマンホール。ここから中に入り、下水道のようすを点検する。

雨水を下水道まで流す「雨水ます」。

●下水処理場のしくみ

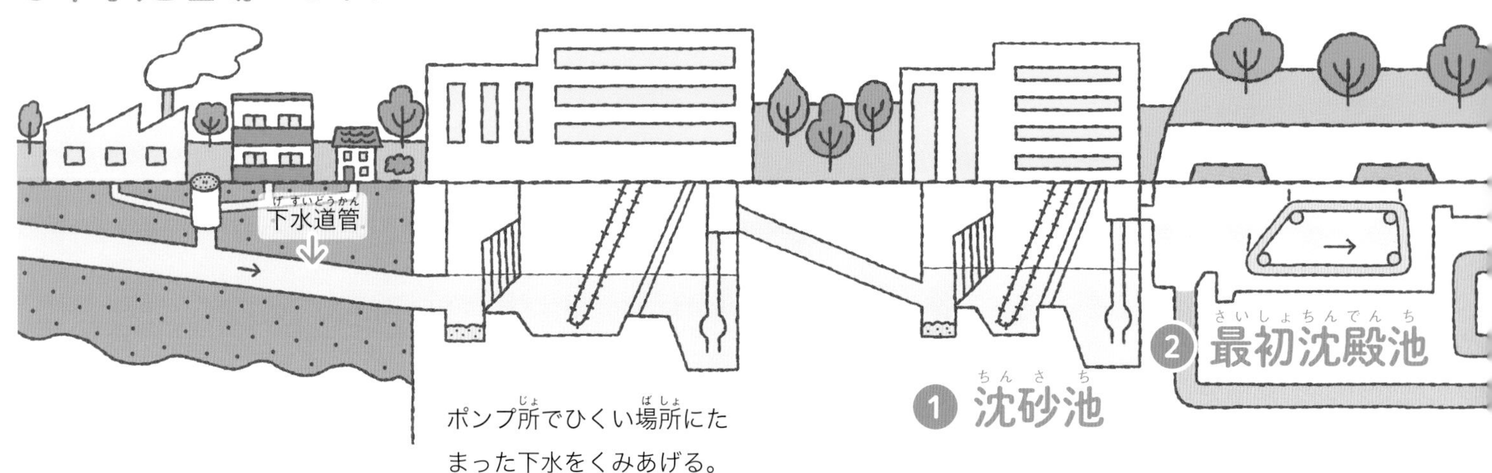

① 沈砂池

はじめに、下水にふくまれる大きなごみや砂を、沈砂池の底にしずませて、取りのぞきます。

② 最初沈殿池

2～3時間かけて、最初沈殿池に下水を流し、細かいどろなどを、時間をかけてゆっくりとしずめます。

③ 反応槽

反応槽の中にあるどろには、目に見えない小さな生き物「微生物」がたくさんすんでいて、水のよごれのもとを食べています。空気をふきこんでかきまぜながら、およそ4～6時間かけて、水をきれいにしていきます。

知ってる？

反応槽の主役は微生物

反応槽のどろの中には、けんび鏡でしか見ることができない微生物がたくさんすんでいます。この微生物が水のよごれを食べてくれるのです。そのため反応槽では、空気をふきこみ、微生物が元気にはたらくようにしています。

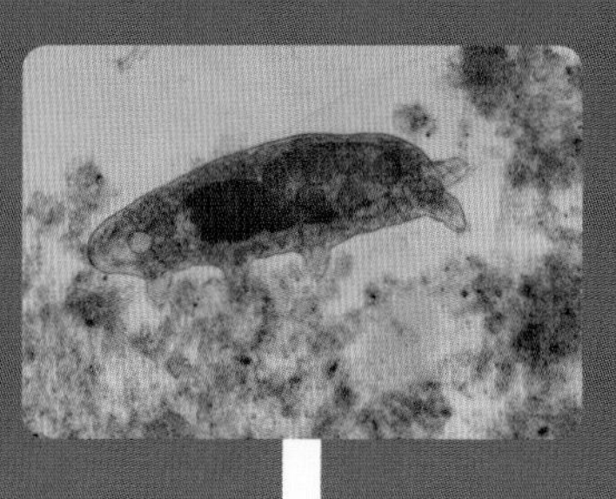

クマムシとよばれる微生物。このほかにも、たくさんの種類の微生物がよごれを食べている。

反応槽の中にどろがあり、微生物がすんでいる。

じっさいには、下水処理場の池にはふたがされているんだ。

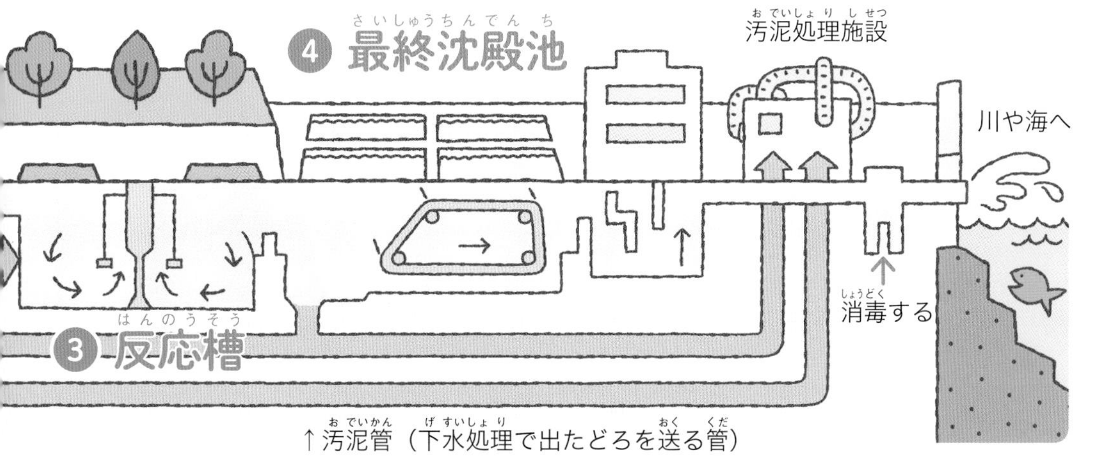

④ 最終沈殿池

3～4時間かけて、反応槽から流れてきた水から、どろだけをしずめます。すると、どろが取りのぞかれたきれいな水となります。

はたらく人に教えてもらったよ

水質管理をする人

下水処理場のそれぞれの施設で、水がきれいになっているか、検査しています。水を検査する仕事について、はたらく人に聞きました。

水質の確認は、
毎日するんだ。
目で見る作業も多く、
経験が必要なんだよ。

水を取って、水の状態を目で見る

水再生センターのいろいろな場所で、水を取り、水がきれいになっているか、目で見て確認します。

左から下水処理場に入ってきた水、小さなどろを取った水、反応槽での処理（二次処理）が終わった水、その水をろ過したもの。どんどん水はきれいになっていきます。

水の中の成分の量を機械で調べる

つぎに、それぞれの場所で取ってきた水に薬を入れて、機械にかけます。下水には「リン」と「ちっそ」という成分が入っています。これらの量を毎日たしかめます。

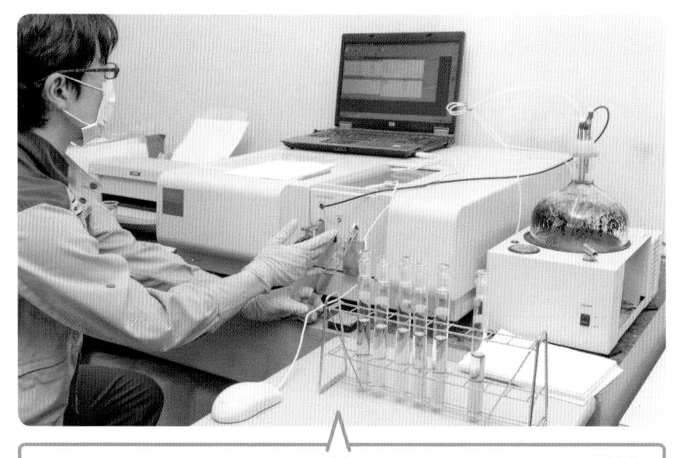

リンとちっそが下水に多く残っていると、川や海の環境が悪くなってしまう場合があります。下水の処理によって、これらをへらすことができるのです。

どろのようすをじっくり見る

反応槽の水を１リットルとってきて、30 分間待ち、どろのしずみ方や、色などのようすを見ます。どろのなかの微生物がきちんとはたらいているか、どろのようすを見て、たしかめます。微生物がうまくはたらいていないと考えられるときは、反応槽にふきこむ空気の量を調整しています。

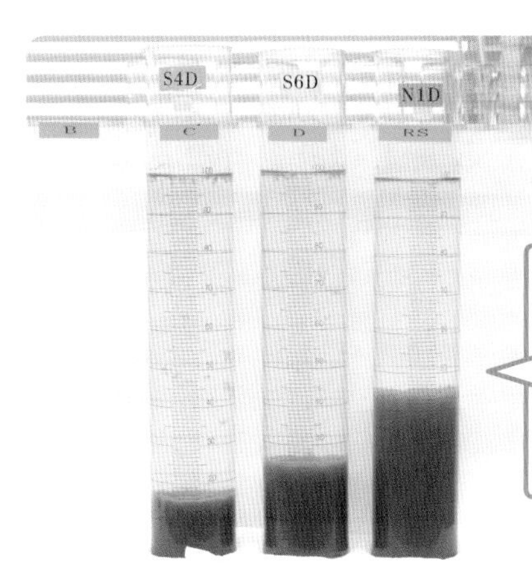

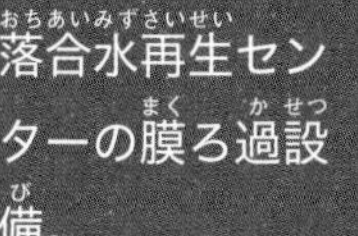

まん中のどろがちょうどいい状態。どろのようすは、毎日見ている。

微生物の数や種類を見る

けんび鏡を使って、反応槽のどろの中の微生物を見ています。微生物の数がふだんと同じくらいか、種類に変わりがないかをたしかめています。

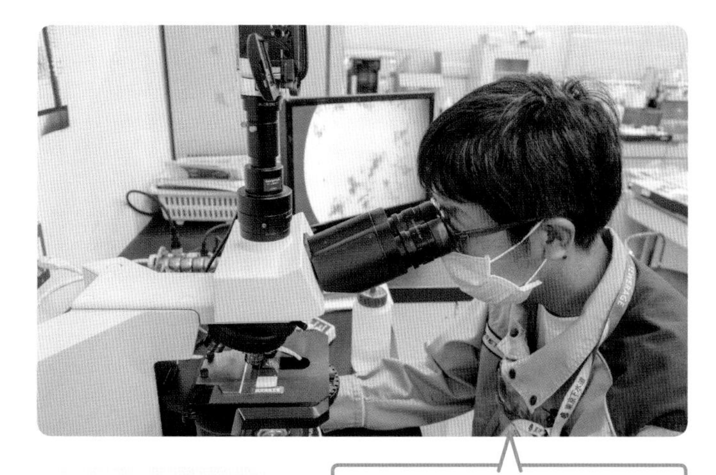

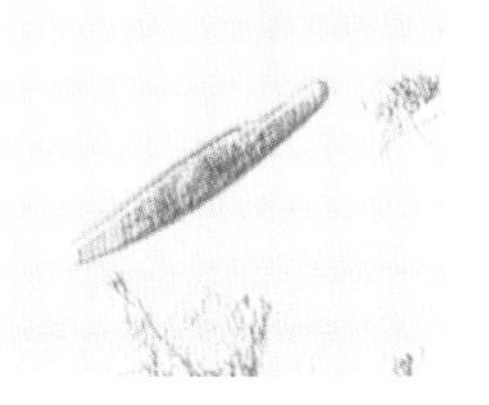

この日は、スピロストマムがいました。どろの中には微生物が、少なくとも数十種類くらしています。

さらに下水をきれいにする設備はないの？

落合水再生センターには、膜ろ過設備とよばれる設備があります。これは、下水処理が終わった水を小さな穴が空いた膜に通して、さらにきれいにする設備です。となりにある「せせらぎの里公苑」に送る水を、子どもたちが水遊びできるくらいきれいにしています。

落合水再生センターの膜ろ過設備。

大きな台風や豪雨のときの、下水処理場のやくわりは？

台風や大雨のときは、雨水が下水道にたくさん流れこむので、下水は晴れているときよりも、うすまります。その分、下水処理の手順を少なくしてどんどん処理を進め、川や海にすばやく、たくさんの水を流します。そうすることで、まちに水があふれることをふせぎます。

大雨になると、道路や家が水びたしになる危険がある。そのため、下水処理場も早く雨水を処理する必要がある。

水とどろを再利用する

下水処理場できれいになった水や、取りのぞかれたどろは、再利用されています。どのように再利用しているのか見てみましょう。

再生水の利用

　下水処理場できれいにした水を、再利用するためにさらにきれいにしたものを、再生水といいます。川や海に流すだけでなく、まちのなかでも使われています。水がかれてしまった川に流したり、鉄道のそうじに使ったり、トイレに流す水に使ったりしています。
　再生水の使い道は、どんどん広がっています。

東京都の地下には、落合水再生センターなどからいろいろな場所へ再生水を流す管が通っているよ。

目黒川。川の水が少なくなり、水の流れがなくなっていたが、再生水を流すことで水の量がふえ、川がよみがえった。

東京のお台場を走る鉄道「ゆりかもめ」は、車体をあらうときに、再生水を使っている。

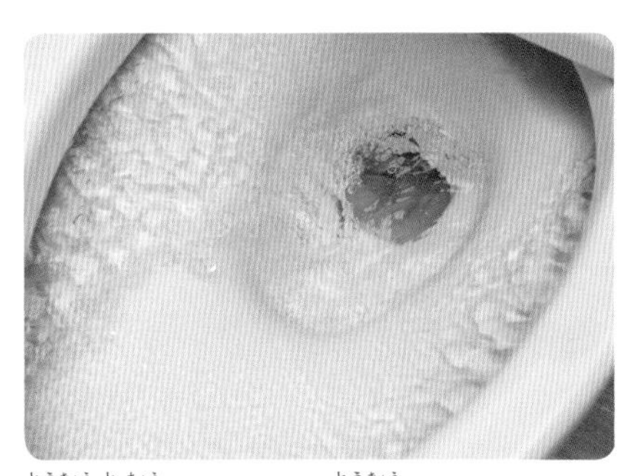

東京都庁をはじめ、東京の大きなビルでは、トイレの水として、再生水が使われているところがある。

落合水再生センターのとなりにある「せせらぎの里公苑」では、川や池の水に再生水が使われている。

どろの再利用

下水を処理するときに、たくさんのどろが出ます。そのどろの多くは、かんそうさせて、土にうめています。しかし、それらのどろを再利用しようという取り組みがあります。下水処理場から出たどろを、まちのなかでもういちど利用できる方法が考えられています。

鹿児島市で販売されている、下水処理場のどろからつくられた肥料「サツマソイル」。下水処理場から出るどろは、農業の肥料として利用できる成分をふくんでいる。

どろをまぜたセメントでつくった土管。下水処理場から出たどろを焼き、灰にする。この灰を、コンクリートやセメントにまぜて使うことができる。

考えよう！ 家と下水処理場をつなぐ下水道管

家から出た下水は、下水道管を通って下水処理場まで流れていきます。しかし、下水道管の中には、古くなって、ひどくよごれ、つまりやすくなってしまったものもあります。そのため、下水道管の定期的な点検や、新しいものとの交換もおこなわれています。

油でつまりかけた下水道管。下水道に油を流すと、ひえてかたまってしまう。大雨になると、油のかたまりがとれて、海へ流れ出すおそれもある。

4 下水処理場に行ってみよう

水をよごさず、大切に使おう

川をよごしたり、水を使いすぎたりすると、いろいろな問題がおこります。
どのような問題がおこるのでしょうか。

川のよごれと水道水のにおい

きたない水が流れこんで、川がよごれると、浄水場で水をきれいにするのがたいへんになります。よごれがひどいときは、薬を多く入れて水をきれいにします。そうすると、水道水が薬くさくなることがあります。

川をよごさないためにできること

わたしたちが使った水は、下水道を通って下水処理場に運ばれ、きれいな水になります。それからふたたび川へ流されるのです。しかし、水のよごれがひどいと、下水処理場でもかんたんにはきれいにできません。川をよごさないためには、できるだけよごれた水を流さないことが大切です。

❶ 油よごれを流さない

フライパンの油をかためてすてたり、食器をあらう前に紙などでよごれをふき取ったりして、油を流さない。

❷ ごみを流さない

生ごみや食べ残し、みそしるやスープなどのしるもの、かみの毛などを排水口から流さない。

❸ せんざいを使いすぎない

せんざいを使いすぎると、水のよごれの原因になることがある。

水をむだづかいしないくふう

今、日本では、１日に１人がおよそ 200 リットルの水を使っています。水を使いすぎると、水道水が足りなくなることもあります。使う水の量をへらすには、どうしたらよいでしょうか。

❶ せんたくにおふろの残り湯を使う

ふろおけには、200 リットルぐらいの水が入っている。入ったあとのお湯を、せんたくやそうじに使おう。

❷ こまめに水を止める

食器をあらったり、歯をみがいたり、シャワーをあびたりするときに、こまめに水を止めよう。

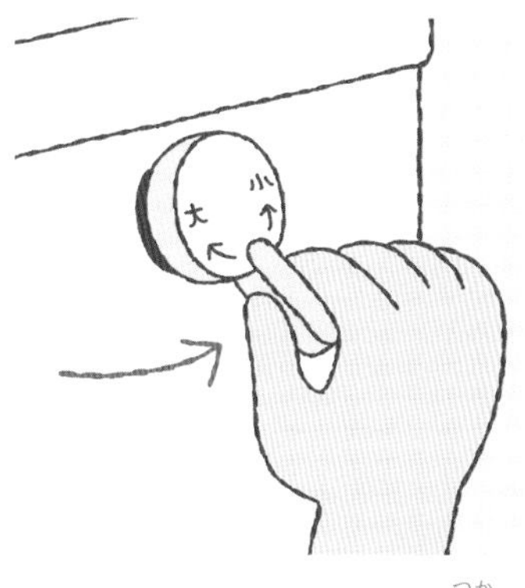

❸ トイレの「大」と「小」を使いわける

水を流すレバーの大と小では、流れる水の量がちがう。おしっこのときは小で流そう。

知ってる？ 水をきれいにするのに必要な水

わたしたちが食べ残したものやせんざいを川に流すと、その川の水を魚がすめるほどきれいにするには、たくさんの水が必要になります。大切な水をむだにしないためにも、ふだんの生活の中でできることを考えて、実行しましょう。

魚がすめる水質にするために必要な水の量は？

サラダ油 大さじ１ぱい	牛乳 コップ１ぱい	みそしる おわん１ぱい	シャンプー １回分
ふろおけ 17 はい分	ふろおけ 13 ばい分	ふろおけ 2.5 はい分	ふろおけ 1.6 はい分

さくいん

＊コピーしてみんなで使ってね。

浄水場・下水処理場を見学しよう！

年	組	番
名前		

浄水場・下水処理場には、どんな場所があったかな？
気になる場所について書いてみましょう。

どの仕事の人にお話を聞いたかな？

係　　　　さん

見学して、気づいたことやぎもんに思ったことを書こう。

指導　新宅直人（東京都杉並区立天沼小学校教諭）

装丁・本文デザイン　倉科明敏（T. デザイン室）
企画・編集　渡部のり子・増田秀彰（小峰書店）
常松心平・鬼塚夏海・古川貴恵・飯沼基子（オフィス 303）
文　山内ススム
写真　平井伸造
キャラクターイラスト　すがのやすのり
イラスト　フジサワミカ
取材協力　東京都水道局、金町浄水場、東京都下水道局、落合水再生センター

地図協力　株式会社 ONE COMPATH、インクリメント P 株式会社
写真協力　東京都水道局、東京都下水道局、東京都水道歴史館、東京都環境局、東京都下水道サービス株式会社、鹿児島市水道局、PIXTA、フォトライブラリー

調べよう！ わたしたちのまちの施設 ④
浄水場・下水処理場

2020 年 4 月 7 日　第 1 刷発行
2023 年 11 月 20 日　第 2 刷発行

発行者　小峰広一郎
発行所　株式会社小峰書店
〒 162-0066 東京都新宿区市谷台町 4-15
TEL 03-3357-3521　FAX 03-3357-1027
https://www.komineshoten.co.jp/
印刷・製本　図書印刷株式会社

NDC518　39p　29×23cm　ISBN978-4-338-33204-0